AF242447

OBSERVATIONS

ADRESSÉES

A M^rs LES COMMISSAIRES

CHARGÉS *par le Roi de l'Examen du* MAGNÉTISME ANIMAL ; *sur la maniere dont ils y ont procédé, & sur leur rapport.*

PAR UN MÉDECIN DE PROVINCE.

A LONDRES;

Et se trouve A PARIS,

CHEZ ROYEZ, Libraire, Quai des Augustins, le premier à la descente du Pont-Neuf.

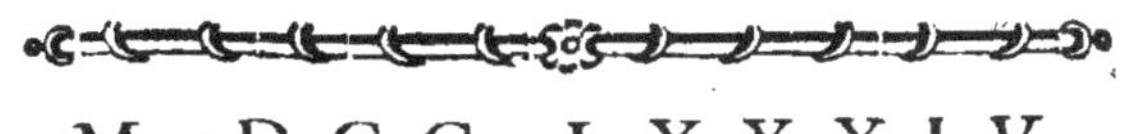

M. DCC. LXXXIV.

OBSERVATIONS

ADRESSÉES

A M^{rs} LES COMMISSAIRES

Chargés par le Roi de l'Examen du Magnétisme animal; *sur la maniere dont ils y ont procédé, & sur leur rapport.*

MESSIEURS,

JE suis bien éloigné de vouloir combattre le sentiment que vous avez adopté sur le Magnétisme animal. Jusqu'ici je n'ai pas embrassé, sur cet objet, une maniere de penser en tout conforme à la vôtre; j'ai encore été plus éloigné d'en embrasser une qui y fût opposée. Mes anciennes idées, la nouveauté de celles que l'on présentoit, les préjugés peu favorables à M. Mesmer, que sçais-je? peut-être un peu d'intérêt d'état, m'en détournoient fortement; mais aucune raison, soit pour, soit contre, ne me paroissant décisive, je suis demeuré dans le doute, du moins sur plusieurs points essentiels : desirant

A 2

d'en fortir, mais bien réfolu de ne me décider que lorfqu'une lumiere fuffifante m'y forceroit.

Dans cette difpofition, je n'ai pu, apprendre qu'avec beaucoup de plaifir que le Roi vous avoit nommés pour examiner ce phénomene. Votre haute capacité, votre profond fçavoir, m'affuroient que perfonne n'étoit plus capable que vous de remplir fes intentions, pleines de bonté & de fageffe.

Comme Sa Majefté ne vous a pas chargés de cette importante commiffion pour vous fournir l'occafion & la facilité de vous inftruire vous mêmes de cet objet intéreffant, mais pour faire parvenir par le moyen de votre travail, à tous fes fujets, les lumieres dont ils avoient befoin dans la circonftance préfente, je me fuis flatté que vous ne prendriez pas feulement les éclairciffemens qui pourroient vous fuffire pour votre propre perfuafion, mais encore ceux qui pourroient le plus contribuer à celle des perfonnes qui y feroient le moins difpofées, foit par leur préoccupation, foit même par une perfuafion contraire : c'étoit évidemment les defirs de Sa Majefté.

Je fuis bien fâché, Meffieurs, d'être forcé de vous dire que j'ai été dans l'erreur, & qu'après avoir lu votre rapport, il m'a paru qu'il s'en falloit de beaucoup que vous euffiez rempli ce plan en entier.

Je ne doute point que les lumieres que vous avez acquifes par vos recherches ne vous aient paru fuffifantes pour fixer votre maniere de penfer, & fans doute celle des fçavans & des gens d'efprit comme vous ; mais je ne puis m'empêcher de croire que dans votre examen vous avez omis plufieurs des moyens d'éclairciffement les plus propres à répandre la lumiere & la conviction dans une infinité d'efprits, & que ceux que vous avez pris n'ont pas été employés par vous de la maniere la plus propre à produire cet effet. Je vous confeffe en particulier que, malgré ma difpofition à adopter vos fentimens, malgré mon defir de les trouver bien fondés, votre ouvrage ne m'a point perfuadé du tout. Que penfer de ceux qui font dans des difpofitions toutes contraires aux miennes ?

Il m'a femblé fur-tout que vous aviez omis deux moyens d'éclairciffement bien capables de jetter un grand jour fur cette affaire, ou du moins de prévenir bien des difficultés. Je vais avoir l'honneur de vous les expofer.

Le premier étoit de vous adreffer à M. Mefmer, pour être inftruit de fa doctrine, au lieu de vous adreffer à M. Deflon ; ce n'eft pas,

Messieurs, que je ne croie celui-ci assez instruit du Magnétisme animal, pour vous fournir toutes les notions dont vous aviez besoin; je suis persuadé comme vous, & par les mêmes raisons, que M. Deslon n'ignore rien de tout ce qui peut être utile de connoître de cette doctrine; mais M. Deslon n'étant que le disciple de M. Mesmer, pouviez-vous présumer que tout le monde seroit aussi raisonnable que moi sur cet article ? ne sçaviez-vous pas qu'une infinité de gens sont prévenus d'un sentiment tout opposé; & qu'ils s'y croient bien fondés, & par les protestations réitérées de M. Mesmer, qui désavoue formellement M. Deslon pour son Éleve, & par les aveux mêmes de M. Deslon, qui assure ne point tenir ses connoissances de ce Docteur. Je sçais que les protestations de l'un & les aveux de l'autre roulent sur une équivoque que vous avez fort bien démêlée, en distinguant, dans la doctrine de M. Mesmer, ce qu'elle a d'essentiel, des explications & des systêmes par lesquels il prétend en expliquer la théorie éloignée & spéculative; mais une infinité de gens ne sentant point toute la valeur de cette distinction, demeureront persuadés que M. Deslon n'est point suffisamment instruit du Magnétisme animal, & & que vous n'avez pu en acquérir chez lui une idée jufte : & par cette raifon, votre travail fera pour eux un travail inutile. Cependant vous étiez chargés de les éclairer & de les perfuader comme les autres : pour remplir cette commiffion dans toute fon étendue, vous deviez donc vous adreffer à M. Mefmer.

Voici un fecond moyen dont l'omiffion vous fera fûrement reprochée par un bien plus grand nombre de perfonnes ; car les partifans de M. Deflon fe joindront indubitablement à ceux de M. Mefmer, pour vous en témoigner leur mécontentement, & peut-être feront-ils fuivis, les uns & les autres, par tous ceux qui n'ont pris parti ni pour l'un ni pour l'autre.

On convient que le fluide magnétique ne frappe point nos fens par lui-même, ou qu'il ne les frappe que d'une maniere fi équivoque, qu'elle doit être regardée comme nulle ; mais on prétend que fa réalité n'en eft pas moins conftatée par des effets qui ne peuvent être attribués à aucun autre agent. Pour prouver cette affertion, on en préfente de deux efpeces, comme vous le favez ; des effets qui ne font que momentanés, fur l'économie animale, & qu'on éprouve fur-tout dans le temps qu'on eft magnétifé ; & des effets plus durables, que l'on appelle *effets curatifs*.

A 4

Quand on feroit voir que les effets momentanés peuvent s'expliquer fans avoir recours à
ce fluide, fon exiftence n'en feroit pas moins
établie, fi des effets curatifs bien conftatés exi-
geoient qu'on admít cet agent pour en expliquer la caufe. Pour prouver qu'on n'eft point
obligé de l'admettre du tout, il falloit donc
examiner ces deux efpeces d'effets, au moins
dans le cas où fon exiftence n'auroit pas réfulté
de l'examen des deux; & c'eft ce que vous
n'avez pas jugé à propos de faire : vous avez
cru pouvoir & devoir même vous en tenir à
l'examen des effets momentanés ; croyez-vous,
en prenant ce parti, vous être conduits d'une
maniere fort propre à perfuader bien du monde?
Il y a peu d'apparence.

Je fais qu'en agiffant ainfi, vous avez cru agir
fagement, parce que, pofant pour principe (p.
12.) que la caufe des guérifons eft toujours incertaine, vous avez penfé que faire dépendre
l'examen de la réalité du M. a. de celui des
cures attribuées à cet agent, ce feroit fuivre une
voie pleine d'illufion, & qui n'eft propre qu'à
égarer ceux qui la fuivent. Mais M. efpérez-
vous que bien des gens adopteront votre principe? Pour pouvoir vous en fervir, il faut le
prendre dans toute fa généralité, & fans faire

aucune exception ; or pris de cette manière, pensez-vous qu'il fera regardé comme vrai par bien du monde ? Pour moi je le crois très-faux ; & je doute fort que, même parmi les Médecins, il y en ait beaucoup qui foient de votre fentiment.

Je fuis perfuadé, comme vous, que la nature a beaucoup de part à la guérifon des maladies, qu'elle en eft même le principal agent. *Natura morborum curatrix*, mais je fuis également perfuadé de la néceffité des remèdes dans une infinité de cas, & que l'action de la nature a fouvent befoin d'être dirigée par le Médecin : je fais encore que lorfque l'on joint l'action des remèdes à celle de la nature, il eft fouvent fort difficile de démêler dans les guérifons jufqu'à quel point la nature & les remèdes y ont contribué ; mais je n'en fuis pas moins convaincu qu'il y en a dont la vraie caufe n'eft point incertaine. Doute-t-on, par exemple, de l'efficacité du quinquina dans la cure des fièvres intermittentes fans complication ? de celle du mercure dans la guérifon de certaines maladies qu'on eft difpenfé de nommer ? Combien d'exemples femblables ne pourrois-je pas vous donner ? En général, fi l'on voyoit des maladies qui ont toujours paffé pour incurables, comme les vrais cancers, céder, non pas une fois, mais trente & quarante fois dans un petit espace de tems, à un remède nouveau, pourroit-on balancer à regarder ce remède comme la cause de leur guérison? de même, si l'on voyoit un grand nombre de ces maladies, qui guérissent souvent par l'opération de la nature ou des remèdes, mais qui ne guérissent ordinairement qu'au bout d'un certain tems, après l'usage d'une méthode nouvelle ou d'un remède nouveau, guérir, & guérir solidement dans une espace de tems, de la moitié, des deux tiers plus court, pourroit-on jetter des doutes sur la vertu de ce remède ou de cette méthode? il est donc certainement des cas où la guérison n'est point équivoque.

Non, Messieurs, votre principe n'est point vrai dans sa généralité, il n'a jamais été admis par nos peres, & il n'a peut-être jamais été avancé que par vous. Comment sur un pareil fondement avez-vous donc cru pouvoir, devoir même refuser d'examiner les effets curatifs attribués au Magnétisme animal en appuyant ce refus d'un motif aussi contraire à la raison? ne deviez-vous pas prévoir qu'on pourroit penser que vous n'en aviez point d'autres que la crainte de trouver ces effets trop bien prouvés?

Je sçais que vous ne vous en tenez pas à cette

raifon , vous en alléguez une autre ; c'eft la difficulté de cet examen , & la longueur du tems
qu'il exigeroit. Il faudroit, dites-vous, une infinité de cures , & peut-être l'expérience de plufieurs fiècles, pour compenfer l'incertitude qui
a lieu fi fouvent fur ce point. Non , Meffieurs,
il ne faut point une infinité de cures , ni l'expérience de plufieurs fiècles pour fixer le jugement
des gens raifonnables fur les effets curatifs dont
il s'agit. Le moyen de parvenir à la certitude
qu'on peut defirer fur un pareil objet, vous a
été tracé par l'Auteur de l'*Examen férieux & impartial du Magnétifme animal*. Vous avez eu ,
fans doute , raifon de ne pas vous jetter dans
l'examen des cures déjà citées par les partifans
du Magnétifme animal ; il étoit peut être impoffible d'obtenir quelque certitude par cette voie ;
mais il falloit embraffer le moyen indiqué par
cet Auteur. Avec le fecours du Gouvernement,
qui ne s'y refuferoit pas , il feroit facile dans fon
exécution , & bien mis en ufage il ne peut mener à l'erreur. Il ne demande qu'une année de
travail ; les réfultats d'une pareille expérience,
quels qu'ils foient , convainqueroient tout le
monde.

Il eft donc vrai , Meffieurs , qu'en refufant
d'examiner les effets curatifs , vous avez omis

nn fecond moyen d'éclairciffement des plus capables de jetter une lumiere vive, & de perfuader.

Ainfi voilà deux moyens importans d'éclairer
le public, & de prévenir les plus grandes difficultés, dont vous n'avez fait aucun ufage, quoiqu'il fût très-facile de les employer, & que
tout femblât vous en faire la loi.

J'ai peine à croire qu'ils euffent pu être fup-
pléés par ceux que vous leur avez préférés,
quand même vous les auriez employés de la
maniere la plus propre à produire l'effet que
vous vous propofiez ; & malheureufement ,
après avoir bien confidéré celle dont vous avez
procédé à l'emploi de ces moyens, je fuis forcé
de reconnoître qu'il s'en faut beaucoup que vous
ayez pris la meilleure.

Ces moyens font, l'examen de ce qui fe paffoit au traitement commun chez M. Deflon ,
& différentes expériences que vous avez faites
en particulier. Or il me femble que vous n'a-
vez employé ni l'un ni l'autre de ces moyens de
la manière la plus propre à éclairer & perfuader
le public.

A l'égard du premier vous avouez , « que
» chacun de vous s'eft contenté de fe tranfpor-
» ter plufieurs fois au traitement général , &

» qu'après avoir pris le coup-d'œil il vous a
» semblé que le traitement public ne pouvoit
» pas devenir le lieu de vos expériences, parce
» que la multiplicité des effets est un premier
» obstacle à un examen que l'on veut bien faire,
» & qu'on voit trop de choses à la fois, pour en
» voir bien une en particulier ; qu'il vous a
» paru que des malades distingués qui viennent
» au traitement pour leur santé, pourroient être
» importunés par les questions, & que le soin de
» les observer pourroit, ou les gêner ou leur dé-
» plaire, & que vous-même pourriez être gênés
» par discrétion, & qu'en conséquence vous
» avez arrêté que votre assiduité, n'étant point
» nécessaire à ce traitement, il suffisoit que quel-
» ques-uns de vous y vinssent de tems en tems,
» pour confirmer les premières observations, en
» faire de nouvelles s'il y avoit lieu, & en ren-
» dre compte à la Commission assemblée ». Il
est donc avoué par vous, Messieurs, que vous
n'avez vu que rarement ce qui se passoit chez
M. Deslon.

Mais quelle conséquence pensez-vous qu'on
pourra tirer de cet aveu ? Deux fort naturelles.
La première, que bien des faits importans ont
pu vous échapper, car il faut convenir que cer-
tains faits très-importans ne se montroient pas

tous les jours, ni à toutes les féances. Il y en avoit même qui fe montroient fort rarement; la feconde, que vous avez pu mal voir une partie de ceux que vous avez vus, & cette feconde conféquence paroîtra d'autant plus jufte, que vous avez dit vous-même, ainfi que je viens de le rapporter, que la multitude des objets eft un obftacle à un examen qu'on veut bien faire, & qu'on voit trop de chofes à la fois, pour en voir bien une en particulier. Ces réflexions font judicieufes; il n'y avoit d'autre moyen pour éviter ces inconvéniens, que d'affifter pendant long-tems & avec affiduité au traitement général : par cette fréquentation, par cette affiduité, les objets les plus multipliés s'arrangent dans la tête, & on parvient à les bien voir chacun en particulier. Ainfi, de votre aveu, vous avez non-feulement pu, mais vous avez dû mal voir ce qui fe paffoit chez M. Deflon; fi donc ces deux défauts fe rencontrent effectivement dans l'examen que vous avez fait, n'auroit-on pas droit de dire que vous n'avez pas employé ce premier moyen d'une maniere propre à parvenir au but de votre commiffion?

Or, ces deux défauts fe montrent vifiblement dans cet examen; le compte que vous rendez dans votre rapport, de ce que vous avez obfervé dans ces affemblées, le prouve manifeftement. Vous n'y parlez point de plufieurs faits très-importans qui s'y font paffés, pendant que vous vous occupiez de votre commiffion; vous ne les avez donc pas vus : vous en exagérez d'autres fingulièrement. Vous les avez donc mal vus; c'eft ce que je vais vous prouver par quelques exemples.

Vous ne parlez point, Meffieurs, dans votre rapport du fait qui étoit peut-être le plus digne d'attention chez M. Deflon, c'eft l'efpèce particulière de crife du jeune homme de douze ans qui vous a été mené à Paffy pour l'expérience de l'arbre; je vais vous en préfenter le détail. Ce jeune homme, que l'on ne peut en aucune maniere foupçonner de fiction, paroiffoit très-fenfible au Magnétifme animal; après avoir été touché pendant quelques minutes, fouvent même après avoir feulement affifté affez peu de tems au baquet, il avoit quelques convulfions affez légeres, & qui duroient fort peu. Si-tôt qu'elles étoient ceffées, il entroit dans un état affez femblable à celui où l'on peint les fomnambules : fes yeux paroiffoient fixes, mais ouverts ; fes lèvres ferrées s'avançoient de maniere qu'il ne pouvoit proférer aucune parole. Dans cet état, qui duroit plus ou moins, fouvent plufieurs heures, il aimoit à magnétiſer ; ſouvent par une ſuite de ce goût, il prenoit la place de ceux qui magnétiſoient, & on la lui cédoit volontiers, parce que comme il magnétiſoit fort bien & très-efficacement, on ſavoit que les malades aimoient à être magnétiſés par lui ; on remarquoit qu'il ſavoit très-bien découvrir & déſigner dans cet état le ſiége du mal ou ſa cauſe, & l'expérience en a été faite un grand nombre de fois. Cet état de ſomnambule finiſſoit par quelque légère convulſion, après laquelle il reprenoit ſon état naturel ; & dès ce moment, le goût de magnétiſer diſparoiſſoit entièrement, ainſi que le talent de diſcerner le ſiége du mal ; il devenoit ſpectateur indifférent de tout ce qui ſe paſſoit, & aſſuroit ne ſe ſouvenir en aucune maniere de tout ce qu'il avoit fait dans ſon état de criſe.

Je l'ai vu bien des fois dans cet état, parce qu'il avoit fort ſouvent de ces criſes ; en voici une circonſtance ſingulière, que je n'ai vu qu'une ſeule fois. Etant tombé en criſe après quelques convulſions comme à l'ordinaire, il prit la place d'un Médecin qui magnétiſoit une jeune Dame, laquelle étoit elle-même dans une criſe d'aſſoupiſſement, interrompu par des convulſions aſſez violentes ; mais de peu de durée : il la magnétiſa ;

tifa pendant quelque tems ; & lorfque cette
Dame tomboit en convulfion , il fe levoit
preflement pour empêcher que fa tête ne frap-
pât contre le mur , près duquel fe trouvoit le
fauteuil fur lequel elle étoit affife , & , dès que
la convulfion étoit ceffée , il fe remettoit fur fon
fiége pour continuer de la magnétifer. Sa crife
ceffa, il quitta auffi-tôt cette Dame, & un autre
prit fa place : environ une demi-heure après, ce
jeune homme retomba en crife, & il fut à un
autre malade , qui étoit auffi en crife convulfive, & qu'un Médecin magnétifoit : il prit la
place de ce Médecin, après avoir dégagé fort
adroitement les jambes de ce malade des bar-
raeux d'une chaife dont d'autres n'avoient pu le
dégager, à caufe de leur roideur convulfive,
& fe mit à le magnétifer. Quelque tems après,
ce malade fe lève de fon fauteuil, prend ce
jeune homme, le met fur fes genoux, & le
magnétife à fon tour pendant fept ou huit minutes. Le jeune homme fe remet à fa place, &
remagnétife fon malade, qui, au bout d'un demi-
quart d'heure, recommence à le magnétifer,
comme il avoit déjà fait. Cette alternative eut
lieu plufieurs fois : enfuite le jeune homme étant
fur les genoux de l'autre, ils fe mirent à fe magnétifer mutuellement en même tems, ce qui

B

dura fort long-tems. Comme il étoit tard, &
que M. Deslon n'étoit pas présent, on crut devoir les séparer, & deux domestiques vinrent
enlever adroitement de dessus les genoux de son
co-Magnétiseur, le jeune homme qui, entre les
bras de ces gens, fit les plus grands efforts pour
leur échapper & rejoindre celui dont on venoit
de le séparer ; malgré sa résistance, on le transf-
porte dans une autre chambre, séparée par une
anti-chambre commune de celle où il étoit, &
dans cette autre chambre, il continue à se débattre encore un certain temps, pour retourner
à son homme. J'ai observé toutes ces circonstances, parce que de temps en temps je passois
d'une chambre dans l'autre, pour ne rien perdre
de ce fait. Enfin, sa crise cessée, on le laissa retourner librement dans la premiere salle, où
l'autre malade, qui depuis sa séparation avoit
de son côté fait les plus grands efforts pour se
rejoindre à lui, continuoit à se débattre de
toutes ses forces, entre les bras de cinq ou six
hommes, qui avoient la plus grande peine à le
retenir. Le jeune homme rentré devint, comme
beaucoup d'autres, spectateur tranquille des
mouvemens violens que continua à se donner
cet autre malade pendant bien un quart-d'heure,
pour le rejoindre en passant dans l'autre salle,

quoiqu'il fût fous fes yeux. Enfin la crife de celui-ci ceffa auffi, & il paroiffoit fort fatigué, au lieu que le jeune homme ne le paroiffoit point du tout : ni l'un ni l'autre, pendant toute cette fcene, n'avoit proféré une feule parole. Le jeune homme m'affura encore cette fois qu'il ne fe fouvenoit de quoi que ce foit. Vous connoiffez, Meffieurs, ces deux perfonnes, & je fuis bien affuré que ni l'un ni l'autre ne vous font fufpectes.

Je vous rapporte ce fait avec toutes fes circonftances, parce que je l'ai fuivi avec la plus grande attention, qu'il eft le plus extraordinaire de ceux que j'ai vu chez M. Deffon, & celui qui m'a paru le plus difficile à expliquer par l'imagination, par l'imitation, par les attouchemens, & même par la volonté ; caufes auxquelles j'étois auffi porté que vous à attribuer la plupart des autres faits dont j'étois témoin : il n'a tenu qu'à vous de le voir comme moi, parce qu'il s'eft paffé lorfque vous aviez commencé à venir au traitement.

Je n'ai pu voir tous les faits de cette efpece qui fe font paffés chez ce Docteur, parce que je n'ai pas fuivi fon traitement plus d'un mois. D'autres que moi vous en citeront peut-être d'auffi finguliers ; on en voit de pareils chez

M. Mefiner. Je ne demande pas au refte que vous croyez celui que je viens de vous raconter, quoiqu'il foit très-véritable dans toutes ces circonftances. Pour croire de pareils faits, il faut les avoir vus ; je ne crois pas moi-même tout ce qui eft raconté des fomnambules de Bufancy par M. Cloquet : mais je dis que vous ne deviez pas, en manquant d'affiduité au traitement de M. Deflon , vous expofer au reproche de n'avoir pas pris le feul moyen de voir les faits les plus capables de prouver l'exiftence du Magnétifme. Pour inftruire & perfuader les autres, il ne falloit pas négliger les moyens les plus propres à vous inftruire vous-mêmes. Le fecond inconvénient de ce défaut d'affiduité, a été de voir mal & très-mal ce que vous avez vu : je viens de vous prouver, par vos propres paroles , que vous avez dû mal voir ; ne trouvez donc pas mauvais que je vous dife que vous avez mal vu, & que je vous le prouve. Non , Meffieurs, vous n'avez pas bien vu , & le tableau que vous donnez dans votre rapport de ce qui fe paffoit chez M. Deflon , en fournit les preuves ; il n'eft point exact, à beaucoup près ; les convulfions n'y étoient point , comme vous le dites (p. 6.) , extraordinaires par leur nombre ; 3 ou 4, tout au plus par féance, fou-

vent une ou deux , quelquefois point du tout
fur une quarantaine de malades qui étoient au-
tour d'un baquet : ce n'eſt pas aſſez pour dire
qu'elles étoient *extraordinaires par leur nombre*.
Mais votre imagination a dû vous les multiplier,
pour rendre plus vraiſemblable la cauſe à laquelle
vous les attribuez.

Si vous ne parlez que des convulſions que
vous avez voulu expliquer , il n'eſt point vrai
non plus, comme vous le dites , page 7 , que
le ſpectacle de ces convulſions offre quelque
choſe de fort étonnant, *& qu'on ne puiſſe s'en faire
une idée quand on ne l'a point vu.* Chez M. Meſmer,
ce n'eſt point un ſpectacle du tout , parce que
chez ce Docteur , lorſqu'une perſonne paroît
fur le point de tomber en convulſion , on la
fait paſſer dans une autre ſalle, appellée *la ſalle
des criſes* , où ne paſſent avec elle que ceux qui
la ſecourent. Chez M. Deſlon , c'en eſt un fort
peu frappant, parce qu'on conduit ces perſonnes
à un fauteuil dans un angle de la ſalle , & qu'étant
environnées de ceux qui les ſecourent , & de
quelques Médecins qui veulent ſuivre ſa criſe,
à peine ſont-elles vues par les autres malades,
ſur qui elles ne paroiſſent faire aucune impreſ-
ſion , & qui n'ont pas même l'air d'y penſer.

« Ces ſympathies qui s'établiſſent, ces malades

» qui ſe cherchent excluſivement , qui ſe pré-
» cipitent l'un vers l'autre , ſe ſourient , ſe parlent
» avec affection & adouciſſent mutuellement
» leurs criſes , » ſont des faits qui ſans doute
ſe voient très - rarement , puiſque pendant un
mois que j'ai été très - aſſidu au traitement , je
n'ai vu de cette eſpece que celui du jeune
homme de 12 ans , dont je vous ai raconté
l'hiſtoire. Je ſuppoſe qu'on puiſſe le mettre dans
cette claſſe , ce qui eſt aſſez difficile ; car il s'y
trouve bien des différences. Ce jeune homme
& M. B.... ne s'étoient point cherchés excluſivement. Je les ai examinés de très-près depuis
l'aventure , & je n'ai pas apperçu entre eux la
moindre relation particuliere ; ils ne s'étoient
point non plus précipités l'un vers l'autre. Ils
ne ſe ſourioient point. Ils ne ſe ſont pas dit un
mot pendant tout le temps qu'ils ſe ſont magnétiſés. Ni l'un ni l'autre n'a proféré une ſeule
parole pendant tout le temps qu'a duré leur criſe,
ni même lorſqu'ils faiſoient , chacun de leur
côté , tous les efforts dont ils étoient capables
pour ſe rejoindre.

Je n'ai point obſervé non plus cette ſoumiſ-
ſion de tous ceux qui ſont magnétiſés à celui
qui magnétiſe. Je n'ai point vu que ſa voix, un
regard , un ſigne retirât ceux qui étoient en criſe

(23)

de leur affoupiffement réel ou apparent. Je ne
nie pas ces faits , puifque vous affurez les avoir
vus ; mais je fuis étonné que les ayant vus , vous
n'ayez pas même effayé de les expliquer , ainfi
que les précédens ; & que vous n'ayez pas choifis
pour vos expériences fur le pouvoir de l'imagination , quelques-uns de ceux qui tomboient
dans ces états furprenans. Cela vous étoit facile,
puifque , à en juger par la maniere dont vous
les préfentez , ils étoient communs & ordinaires.

Il faudroit , Meffieurs , faire des remarques
fur prefque tous les traits de votre tableau, pour
montrer jufqu'à quel point il eft peu exact , &
combien par-là il donne lieu de croire que vous
avez été fidele à la loi que vous vous étiez faite
de n'affifter que rarement au traitement.

Il feroit difficile de ne pas conclure d'un examen auffi fuperficiel , qu'il doit être regardé
comme non avenu , & qu'il ne peut fervir à
éclairer & à convaincre qui que ce foit. Auffi,
ne paroiffez-vous pas en faire beaucoup de cas.
Vous déclarez ne l'avoir fait que pour y prendre
quelques notions qui puffent vous diriger dans
les expériences particulieres que vous projet-
tiez , & que vous avez regardeés comme feules
capables de vous inftruire, & comme fuffifantes
pour cela. D'où il fuit que de votre aveu tout

B 4

l'édifice de votre examen du Magnétisme ani-mal, porte sur cette base. Je dois présumer que vous n'avez rien négligé pour lui donner de la solidité : c'est-à-dire, pour trouver , dans ce dernier moyen, toute la lumiere dont vous aviez besoin, & pous vous éclairer, & pour éclairer les autres. Je vais tâcher de m'en convaincre, car j'aime beaucoup à penser comme vous , mais je crains beaucoup de n'y pas réussir.

Je remarque d'abord que vous convenez n'avoir retiré aucun éclaircissement de ces premieres expériences particulieres : vous n'avez rien éprouvé vous-même de la magnétisation, & sur les dix-huit premieres personnes qui ont été magnétisées après vous, il n'y en a que cinq qui aient senti quelque chose. Mais comme vous n'avez pas cru devoir rien conclure contre le Magnétisme animal, de ce que ni vous, ni les treize autres n'ont rien senti, (parce que vous savez que souvent on ne sent rien les premieres fois qu'on est magnétisé, qu'on est même quelque-fois des mois entiers sans rien sentir , quoiqu'en-suite on éprouve des crises très-fortes, des crises convulsives); vous n'avez pas cru non plus devoir rien conclure, en sa faveur, de ce qu'ont ressenti les cinq autres.

Je ne vous chicanerai point sur cela, quoique

la différence foit grande , parce que ne rien fentir en cette occafion ne prouve rien , & fentir pourroit prouver quelque chofe ; mais comme vous en faites l'obfervation , les trois perfonnes qui , fur les fept premiers malades magnétifés après vous, ont fenti quelque chofe, étoient, comme les quatre autres, des gens du peuple , & par conféquent pouvoient être fufpects du côté de la fincérité ; les deux autres pouvoient l'être du côté de l'imagination. Je conçois que ces confidérations méritent des égards , & je n'incidente point : ainfi je fuis d'accord avec vous pour abandonner ces premieres expériences , comme ne prouvant rien. Si vous euffiez fenti vous-même quelque chofe, je ne ferois pas plus de difficulté.

Je paffe à celles que vous affurez avoir été faites *fur un autre plan*. Je vais examiner fi celles-là donneront, je ne dis pas de fimples lueurs, car il me faut quelque chofe de mieux, mais des clartés fuffifantes pour fixer votre maniere de penfer, & celles de tout le monde fur l'objet dont il s'agit.

Ma premiere obfervation eft que (encore de votre aveu) toutes celles que vous avez faites jufqu'à l'arrivée du jeune homme de douze ans à Paffy, ne prouvent autre chofe, finon que

pluſieurs des malades qui vont chez M. Deſlon,
peuvent, ainſi que ceux que vous citez, ou être
trompés par leur imagination, ou aſſurer éprou-
ver ce qu'ils n'éprouvent pas.

Croyez-vous, Meſſieurs, avoir fait une belle
découverte ? falloit-il des expériences répétées
pour y parvenir ? Qui doute que parmi les malades de tous les ordres, de tous les caracteres,
qui vont chez M. Deſlon, il ne puiſſe y avoir,
& même en aſſez bon nombre, des gens ſuſ-
pects, ou du côté de l'imagination, ou même
du côté de la ſincérité, comme vous croyez en
avoir rencontré parmi ceux qui ont ſervi à vos
expériences ? Vous voudrez bien ſeulement ac-
corder que pour le ſeçond point, on peut un
peu plus compter ſur la plupart des malades
de M. Deſlon, que ſur la plupart des vôtres.
Juſqu'ici vos nouvelles expériences ne prouvent
que ce qu'il étoit inutile de prouver, puiſqu'on
ne vous le conteſte pas.

Il ne vous en reſte donc que trois ou quatre,
par leſquelles vous paroiſſez avoir terminé vos
opérations , & par leſquelles , il me ſemble,
que vous auriez dû les commencer, puiſqu'elles
ſeules devoient vous paroître propres à vous
donner quelques lumieres. Toutes celles qui ont
précédé étoient fort inutiles pour cela , & Meſ-

fieurs de la Société royale l'ont bien fenti ; auffi
ne fe font-ils pas amufé à en faire de pareilles.
J'ai bien peur que celles-ci mêmes ne vous
conduifent pas à votre but.

Vous vous êtes propofé, Meffieurs, par ces
dernières expériences, d'examiner fi des crifes
convulfives, ou des convulfions d'une certaine
efpèce, peuvent être l'effet de l'imagination ou
de la volonté ; & vous affurez que ce qui s'eft
paffé chez vous vous en a convaincu. Eh bien,
Meffieurs, je crois votre recit comme fi j'avois
été préfent à vos expériences. J'admets les quatre faits dont vous rendez compte avec toutes
leurs circonftances. Je penfe comme vous, que
ces convulfions ont eu pour caufe, ou l'imagination ou la volonté. J'en conclus même comme
vous, que chez MM. Mefmer & Deflon, des
convulfions femblables à celles dont vous faites
l'hiftoire, ont pu avoir les mêmes caufes. Cette
conféquence eft très-jufte : mais, Meffieurs, à
quoi peut-elle vous mener pour l'objet de vos
recherches? Ne voit-on rien chez ces Docteurs
de plus difficile à expliquer que les faits de ces
expériences? C'eft ce dont il eft queftion, & ce
qu'il falloit prouver ; & vous ne l'effayez feulement pas, quoique dans votre tableau, tout
imparfait qu'il eft, vous indiquiez quelques-uns

de ceux que l'on croit supérieures à ces causes.
MM. de la Société Royale , qui ont observé
comme vous de ces faits singuliers & en plus
grand nombre que vous , ont apperçu cette
différence , & l'ont avancée. Il est vrai qu'ils
n'en ont pas conclu la réalité du magnétisme
animal , ils n'ont pas même cru devoir les dis-
cuter , à cause , disent-ils , de leur rareté & de
leur singularité : mais ils en font du moins men-
tion , ils conviennent les avoir vus , & ils re-
connoissent la difficulté de les expliquer par
vos agens. On pourra examiner ailleurs s'ils
ont bien raisonné. Pour vous , Messieurs , vous
avez trouvé plus court & plus commode de
n'en point parler du tout , dans l'endroit de votre
ouvrage où il étoit indispensable de le faire pour
les nier ou les expliquer ; cela me paroît aussi
singulier que ces faits eux-mêmes.

Ne pensez pas , Messieurs , que si des gens
sensés ont cru devoir admettre l'existence d'un
agent extraordinaire dans ce qu'on appelle Magnétisme animal , ce soit sur des faits sembla-
bles à ceux qui ont eu lieu dans vos expériences
particulières. S'ils n'en eussent vu que de cette
espèce , quoiqu'infiniment plus multipliés , quoiqu'infiniment moins suspects que les votres , du
côté des personnes , ils n'y auroient pas plus

apperçu que vous la néceffité d'un agent extraordinaire. Ce qui les y a forcés, ce font ces autres faits, ou que vous n'avez point vus, ou que vous avez mal vus; & que vous auriez vus, & bien vus comme eux, fi comme eux, vous euffiez fuivi, avec affiduité & pendant un affez long-tems, les traitemens de M. Deflon. Réfléchiffez, je vous prie, Meffieurs, fur la manière dont vous avez procédé, on vous dit : nous croyons devoir admettre un agent extraordinaire dans ce qu'on appelle Magnétifme animal ; mais ce ne font ni les froids, ni les chaleurs, ni les fueurs, ni les oppreffions, ni les toux, ni les dévoyemens, ni même la plupart des convulfions qui nous y engagent ; tout cela peut être attribué, ou aux attouchemens, aux preffions, aux frictions, ou à l'imagination, ou à l'imitation, ou à la volonté, comme vous le dites fort bien, & comme nous le favions fort bien avant que vous le difiez ; ce font d'autres faits, comme celui des fomnambules, celui du baffin de Meudon & celui du Jardin de Soubife, l'action du Magnétifme animal fur des perfonnes qui ignorent qu'on les magnétife, qui ne s'en doutent pas même, &c. enfin ce font un grand nombre de guérifons qui nous femblent ne pouvoir être attribuées aux caufes ordinaires ; &

vous examinés ces faits que nous reconnoiffons ne rien prouver, en laiffant de côté tous ceux qui nous paroiffent prouver quelque chofe. Il me femble entendre un Avocat dans la caufe d'un homme accufé de vol ou d'affaffinat, difcuter habilement les dépofitions de feize témoins entendus dans l'affaire, prouver très bien qu'elles ne font point concluantes contre fon client, ne rien dire de celles de quatre autres qui ont dépofé *de vifu* ; & prétendre avoir démontré qu'il eft innocent. En vérité, il falloit écrire dans une langue inconnue, ou du moins orner votre rapport de grands calculs algébriques bien obfcurs : ce public eft auffi inftruit que fi vous l'aviez fait.

Je dois cependant avouer ici une obligation qu'il vous a, je la crois très-réelle : c'eft pour ces fages réflexions que vous faites à la fin de votre rapport fur le danger des convulfions excitées par les pratiques du magnétifme, ou feintes à fon occafion. Je fuis charmé de me trouver ici d'accord avec vous ; je ne les ai jamais crues un moyen de guérifon, je n'ai même jamais héfité fur leurs inconvéniens, & il m'a toujours femblé qu'il ne falloit point magnétifer du tout les perfonnes fujettes à y tomber, ou le faire de maniere qu'elles n'y tombaf-

fent pas ; ce que je ne crois point du tout impoffible. Auffi , lorfque j'ai magnétifé chez M.
Deffon , ai-je toujours évité de m'adreffer à
d'autres malades qu'à ceux que je favois n'y pas
tomber. Si cependant l'expérience prouvoit que
ces convulfions ne font chez certaines perfonnes qu'une fuite inévitable des ébranlements de
nerfs néceffaires à leur guérifon , & que plufieurs ont été guéries , fans que ces convulfions
ayent eu aucun effet fâcheux ; il feroit peut-être
fage de faire une compenfation entre le mal à
guérir & le danger à craindre.

Malgré ce que je viens d'avoir l'honneur de
vous dire , Meffieurs , ne me regardez pas , je
vous prie, comme un partifan décidé du Magnétifme animal. Je demeure dans le doute où
j'étois avant vos opérations & votre rapport. Je
fuis fâché que vous ne m'en ayez pas tiré ; cela
étoit impoffible par les moyens que vous avez
pris. Le feul propre à fixer mon opinion , &,
ce me femble, celle du Public , eft l'expérience
des deux falles de malades propofée par l'Auteur de l'Examen férieux & impartial du Magnétifme animal; je vous en parle encore pour
vous fupplier d'employer votre crédit à en pro-
curer l'exécution : elle eft fort différente du foible effai demandé par M. Mefmer à la Faculté

de Médecine; il n'en pouvoit sortir qu'une foible lueur, au lieu de la pleine lumiere qui résulteroit de cette expérience bien faite (1).

Si mes observations, Messieurs, ne vous ont pas tout-a-fait plu, j'ai été bien éloigné de l'intention de vous blesser; elles n'ont eu pour principe que l'amour de la vérité, & personne n'est plus pénétré que moi de vénération pour vos personnes, & d'estime pour vos talens. Au reste, si j'ai eu le melheur de vous déplaire, vous êtes bien vengés par les applaudissemens que votre rapoort a reçu dans une assemblée nombreuse de la Faculté de Médecine de la Capitale. Ces graves Docteurs l'ont regardé sans doute comme un arrêt en leur faveur dans un procès, au gain duquel ils croyoient apparemment attachée la conservation de leur état. Cela prouve bien qu'ils n'avoient guère examiné leur affaire. S'ils l'eussent connue, ils n'auroient pas

____

(1) Il faudroit que M. Mesmer eût une pleine liberté de joindre au Magnétisme animel tels autres remedes qu'il jugeroit à propos; sans cela, les malades qui lui seroient confiés courroient de trop grands risques. On ne seroit pas moins en état de juger de l'utilité du Magnétisme animal, parce qu'il suffiroit pour cela que ses malades guérissent en plus grand nombre, ou plus promptement que ceux de l'autre salle.

eu

eu si grand peur ; ils auroient vu que le Magnétisme animal ne pouvoit leur faire aucun
tort ; qu'il ne pouvoit même en gagnant sa cause
que leur fournir un nouveau moyen de guérison ; car il est impossible qu'il puisse jamais être
regardé comme un remède universel. M. Mesmer qui l'a dit & redit, ne le croit pas lui-
même, puisqu'on le voit tous les jours y joindre
d'autres remèdes. (Il avertit, il est vrai, qu'il
n'appelle pas remèdes des saignées, des vomi-
tifs, des purgatifs, des bains, &c. &c.) Si son
utilité dans les maladies est jamais constatée, son
administration, comme celle de tous les autres
moyens de guérison, aura toujours besoin d'être
dirigée par les Médecins ; parce que, comme
les autres remèdes, il ne pourra convenir ni
dans toutes les maladies, ni dans toutes les
circonstances des maladies auxquelles il pourroit convenir d'ailleurs.

Cet enthousiasme qui s'est montré dans l'assemblée du 24 Août, n'a pourtant pas dû sur-
prendre le Public. C'étoit un premier mouve-
ment, & la plupart des Docteurs n'avoient pas
lu votre rapport, ou ne l'avoient lu qu'en cou-
rant. Ce qui a dû étonner, c'est ce qui s'est passé
dans celle du 28 du même mois. On avoit eu
le tems de la réflexion ; on avoit eu celui de

lire & relire cette pièce, & d'appercevoir toute
l'infuffifance des moyens que vous avez pris ;
car plus on la lit, & plus on en eft frappé.

C'eft dans cette affemblée qu'on a vu ces Docteurs rejetter d'une commune voix un avis très-
fenfé, & dont l'exécution pouvoit faire le plus
grand honneur à la Faculté : cet avis étoit qu'elle
nommât des Commiffaires pour faire un examen
plus complet, un examen qui pût réfoudre
toutes les objections tirées de différens faits qui
n'avoient point été examinés, & qui femblent
prouver la réalité du Magnétifme animal. Rien
n'étoit plus régulier que cette nomination de
Commiffaires, parce que ceux qu'on avoit entendus, quoique Membres de la Faculté, n'é-
toient point fes Commiffaires ; ils n'avoient point
été nommés par elle, mais par le Roi ; & la
Faculté n'avoit encore fait aucune démarche
pour connoître le Magnétifme animal.

Qui le croiroit ? au-lieu d'adopter un avis fi
raifonnable, on a mieux aimé s'amufer à chica-
ner quelques jeunes confreres qui avoient fait
ce que tous les autres auroient dû faire, qui
étoient allés, ou chez M. Mefmer, ou chez
M. d'Eflon l'un des Membres de leur Corps,
non pour adopter ou rejetter le Magnétifme
animal, mais pour le connoître, & fe mettre

en état de le juger. S'ils avoient magnétifé eux-
mêmes, ce n'avoit été que pour acquérir plus
de lumieres fur ce Phénomene. Ils n'avoient
fait en cela que fuivre l'exemple des Commiffaires dont on avoit tant exalté la conduite. Ces
jeunes Docteurs, élevés dans les fentimens du
plus profond refpect pour leurs anciens, pour
éviter l'orage dont ils fe voyoient menacés, fe
font hâtés de déclarer qu'ils renonçoient au Magnétifme animal, qu'ils n'avoient jamais adopté.
On ne s'eft pas contenté de cette déclaration,
à laquelle ils n'étoient point obligés : on les a
fait fortir pour délibérer apparemment fi l'on
s'en contenteroit, & le réfultat de la délibération
a été un décret qui reçoit leur déclaration, & qui
porte que l'intention de la Faculté eft qu'aucun
de fes Membres ne foit fauteur du Magnétifme
animal, & que ceux qui font abfens feront cités
pour déclarer leur fentiment. Ce décret ne porte
point que la déclaration fera fignée, mais il y a
lieu de croire qu'il en viendra bientôt un fecond
qui l'ordonnera. Car, par provifion, on l'a fait
figner de ceux qui étoient préfens. Ainfi, voilà
bientôt un nouveau formulaire établi dans la Faculté de Médecine, comme il y en a depuis long-
temps dans celle de Théologie. Ce qui me flatte
beaucoup en ceci, c'eft que la Faculté de Paris

ayant pris des engagemens fans aucun examen préalable, fi l'affaire étoit portée au Parlement, comme cela pourroit bien arriver, (car M. Meſmer paroît bien fondé à fe plaindre qu'on ait jugé fa doctrine fans l'avoir appellé), le Parlement, obligé fans doute de nommer de nouveaux Commiſſaires, & ne pouvant les prendre dans la Faculté, feroit forcé de les choifir en Province.

Il faut, Meſſieurs, que votre rapport ait paru bien admirable à ces fages Maîtres, pour les avoir engagé à des démarches fi extraordinaires; cela doit bien vous dédommager de la foible critique d'un Médecin de Province, & même de celle du Public, qui n'applaudit pas trop à votre ouvrage.

J'ai l'honneur, &c.

Ce 18 Septembre.